Inhalt

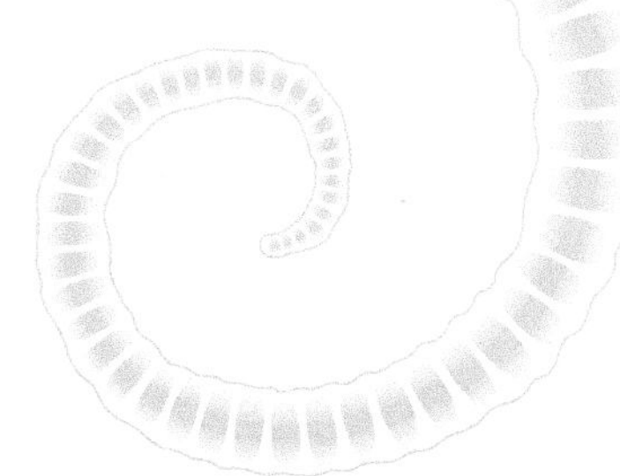

Vorwort

Großpolypige Steinkorallen zählten bereits in den frühen Tagen der Riffaquaristik – seit den 1970er-Jahren – zu den beliebtesten wirbellosen Aquarienpfleglingen. Damals waren vor allem Blasenkorallen aus der Gattung *Plerogyra* sowie die Wulstkoralle (*Trachyphyllia geoffroyi*) sehr populär. Obwohl der technische Standard der damaligen Riffaquarien im Vergleich zu heute eher gering war (man denke z. B. an Rieselfilter und T8-Leuchtstoffröhren), gediehen diese Nesseltiere oftmals sehr gut. In Aquarien gepflegte Blasen- und Wulstkorallen erreichten auch in dieser Zeit häufig ein erstaunliches Lebensalter und wuchsen zu imposanter Größe heran.

Mit der zunehmenden Verbreitung kleinpolypiger Steinkorallen (z. B. *Acropora*-Geweihkorallen) in der Riffaquaristik seit den 1990er-Jahren gerieten ihre großpolypigen Verwandten zwar nach und nach in Vergessenheit, doch in den vergangenen Jahren konnte das Interesse an ihnen neu geweckt werden, und sie erleben derzeit eine wahre Renaissance. Aufgrund ihrer Robustheit sowie der Vielfalt an Farben und Formen erfreuen sie sich mittlerweile immer größerer Beliebtheit – sicher auch deshalb, weil ihr fleischiges Gewebe einen schönen Kontrast zu den eher statisch wirkenden kleinpolypigen Steinkorallen bildet.

Mit dem vorliegenden Band der Reihe „Art für Art“ möchte ich dazu beitragen, die Popularität dieser faszinierenden Tiere weiter zu steigern, und Ihnen darüber hinaus mit Tipps und Tricks für die erfolgreiche Pflege zur Seite stehen.

Dieter Brockmann

Aufnahme einer Blasenkoralle (*Plerogyra sinuosa*) aus dem Jahr 1979. Schon damals, zumeist unter T8-Beleuchtung, erwiesen sich Blasenkorallen als pflegeleicht.

GROSSPOLYPIGE STEINKORALLEN IM MEERWASSERAQUARIUM

PFLEGE UND VERMEHRUNG

Die Gattungen
Trachyphyllia, Euphyllia, Fimbriaphyllia, Catalaphyllia, Nemenzophyllia, Plerogyra, Physogyra, Acanthophyllia, Scolymia und Cynarina

Dieter Brockmann

20

Bildnachweis
Titelbild: *Fimbriaphyllia paraancora*, Fluoreszenzaufnahme
Foto: D. Knop
Bild Seite 1: Rote Farbvariante der Wulstkoralle, *Trachyphyllia geoffroyi*
Foto: D. Brockmann

Fotos ohne Bildnachweis vom Autor

Die in diesem Buch enthaltenen Angaben, Ergebnisse, Dosierungsanleitungen etc. wurden vom Autor nach bestem Wissen erstellt und sorgfältig überprüft. Da inhaltliche Fehler trotzdem nicht völlig auszuschließen sind, erfolgen diese Angaben ohne jegliche Verpflichtung des Verlages oder des Autors. Beide übernehmen daher keine Haftung für etwaige inhaltliche Unrichtigkeiten.

4. aktualisierte Auflage 2021

ISBN: 978-3-86659-167-7

An der Kleimannbrücke 39/41
48157 Münster
www.ms-verlag.de
Geschäftsführung: Matthias Schmidt
Lektorat: Inken Krause, Kriton Kunz, Daniel Knop
Layout: Nick Nadolny
Druck: Pario Print, Krakau

Was sind großpolypigen Steinkorallen?

Steinkorallen gehören zum Stamm der Nesseltiere (Cnidaria). Diese Bezeichnung weist bereits auf ihre mit Nesselkapseln bewaffneten Tentakel hin, mit deren Hilfe sie sich einerseits gegen Fressfeinde und Konkurrenten wehren können, die andererseits aber auch dem Planktonfang und damit der Ernährung dienen. Zu den Nesseltieren zählen mehrere Klassen: unter anderem die Blumentiere (Anthozoa), denen auch die Ordnung der Steinkorallen (Scleractinia) zugerechnet wird. Mit ihren über 18 Familien weist diese einen immensen Reichtum an Arten auf, deren exakte Anzahl noch unbekannt ist.

In der Aquaristik ist es üblich, Steinkorallen zwei groben Kategorien zuzuweisen: Erstens den kleinpolypigen Steinkorallen (SPS = engl. „Small Polyp Stony Corals“) und zweitens den großpolypigen Steinkorallen (LPS = engl. „Large Polyp Stony Corals“ bzw. „Large Polyp Scleractinians“). Diese Einteilung beruht ausschließlich auf der Polypengröße der jeweiligen Arten und hat keinen wissenschaftlichen Hintergrund. Zudem können die Übergänge fließend sein. Vertreter der LPS findet man u. a. in den Familien Euphyllidae, Fungiidae, Mussidae, Faviidae und Trachyphyllidae.

Gegenüberstellung einer kleinpolypigen Steinkoralle (oben, Familie Acroporidae) und einer großpolypigen Steinkoralle (unten, Familie Mussidae). Die gängige Bezeichnung als „SPS“ und „LPS“ hat keine taxonomische Bedeutung, sondern bezieht sich ausschließlich auf die Größe des fleischigen Polypenkörpers.

Bei den kleinpolypigen Steinkorallen, zu denen z. B. die Geweihkorallen (Familie Acroporidae, Gattung *Acropora*) gehören, sind die Koralliten winzig. Diese Nesseltiere bilden Gemeinschaften aus einer immensen Anzahl von Einzelpolypen, die durch ein gemeinsames Gewebe miteinander verbunden sind. Dieses Gewebe bezeichnet man als Coenosarc.

Bei den LPS hingegen erreichen die fleischigen Polypen mehrere Zentimeter Durchmesser. Sie sind entweder Solitärkorallen (z. B. *Fungia* spp.), die aus nur einem einzelnen Polypen bestehen, oder sie besitzen eine koloniale Struktur mit mehreren Mundöffnungen (z. B. *Trachyphyllia geoffroyi* und *Catalaphyllia jardinei*). Darüber hinaus gibt es auch Steinkorallen, die aufgrund ihrer Polypengrößen zwischen den beiden Kategorien SPS und LPS einzuordnen sind. Hierzu zählen z. B. Korallen aus den Gattungen *Favia* und *Blastomussa*.

Die Gruppe der LPS enthält zahlreiche Arten, die sich für die Pflege in Riffaquarien eignen. Zu nennen sind dabei vor allem die Gattungen *Trachyphyllia*, *Euphyllia*, *Fimbriaphyllia*, *Catalaphyllia*, *Nemenzophyllia*, *Plerogyra* und *Physogyra* sowie *Cynarina*, *Acanthophyllia* und *Scolymia* die nachfolgend im Detail vorgestellt werden.

Physiologie und Körperbau

Bei allen großpolypigen Steinkorallen überzieht weiches Polypengewebe das harte Kalkskelett.

Das Kalkskelett

Das Kalkskelett von Steinkorallen besteht praktisch vollständig aus Kalziumkarbonat ($CaCO_3$ bzw. Kalk) in einer kristallinen Form, die Aragonit genannt wird. Daneben finden sich noch weitere Elemente, z. B. Natrium, Magnesium und Strontium. Ob diese Stoffe aber ebenso lebensnotwendig sind wie das Kalziumkarbonat, ist noch unklar – möglicherweise werden sie nur zufällig in das Korallenskelett eingebaut, weil sie sich im Umgebungswasser befinden.

Blastomussa wellsi ist mit einer Korallitengröße von 20 mm und einer Polypengröße von bis zu 30 mm zwischen den klein- und den großpolypigen Steinkorallen einzuordnen

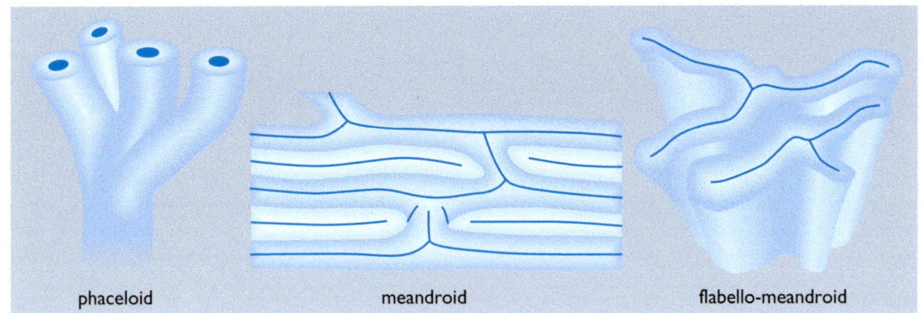

Wuchsformen großpolypiger Steinkorallen (nach Wood 1983)

LPS können am sichersten anhand der Wuchsform ihres Skelettes identifiziert und unterschieden werden. Fachleute sprechen dabei z. B. von meandroid (z. B. *Physogyra lichtensteini*) oder phaceloid (z. B. *Euphyllia glabrescens*, *Plerogyra simplex*) und ziehen charakteristische Vertiefungen („Valleys"), hochgezogene Wände („Walls") und Scheidewände („Septa") als Erkennungsmerkmale heran.

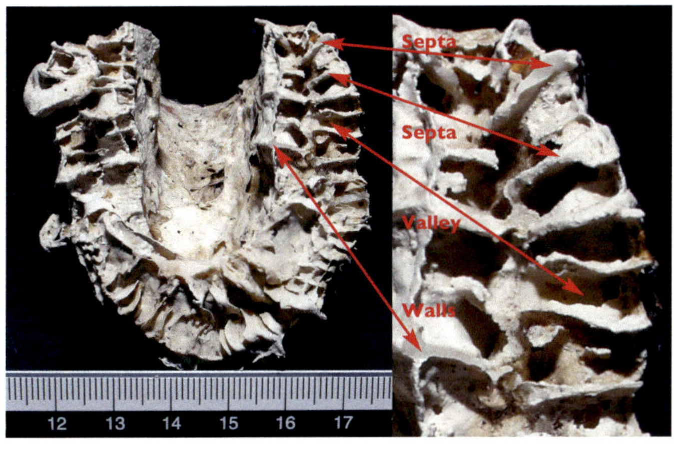

Präpariertes Kalkskelett einer Blasenkoralle (*Plerogyra sinuosa*) – wichtige Strukturkomponenten („Valleys", „Walls" und „Septa") sind durch Pfeile markiert

Des Weiteren kann man großpolypige Steinkorallen in monozentrische und polyzentrische Arten unterteilen. Monozentrisch nennt man solche Korallen, die nur eine einzige Mundöffnung als ihr „Zentrum" aufweisen (wie z. B. *Plerogyra simplex*), als polyzentrisch bezeichnet man demzufolge alle Spezies, die über mehrere Mundöffnungen verfügen, wie z. B. die Wulstkoralle (*Trachyphyllia geoffroyi*).

Die Bildung des Kalkskeletts ist ein sehr komplexer chemischer Prozess, den man Kalzifizierung nennt (siehe Reaktionsgleichung auf Seite 8). Theoretisch betrachtet handelt es sich dabei aber

Acanthophyllia deshayesiana aus der Familie Mussidae ist eine monozentrische Steinkoralle

eigentlich nur um die Umsetzung von gelösten Kalziumionen und gelösten Karbonaten zu festem Kalziumkarbonat (sprich: Kalk).

$$Ca^{2+} + 2\ HCO_3^- \leftrightarrow CaCO_3 + H_2CO_3$$

Klaziumionen + Hydrogenkarbonat ↔ Kalk + Kohlensäure

Das Kalzium und die Karbonate werden vom Korallenpolypen entweder aus dem Umgebungswasser aufgenommen, wo sie im Überfluss vorhanden sind, oder sie stammen aus dem eigenen Stoffwechsel. Die chemische Reaktion der Kalzifizierung ist eine Gleichgewichtsreaktion – und daher müsste die in ihrem Verlauf entstehende Kohlensäure (H_2CO_3) das neu aufgebaute Kalkskelett eigentlich gleich wieder auflösen. Dieses Phänomen kennen wir aus unseren Kalkreaktoren, in denen wir Kalkgranulat mithilfe von Kohlendioxid auflösen, das mit dem darin befindlichen Wasser zu Kohlensäure reagiert. Dass dieser Auflösungsprozess auch in der Koralle stattfindet, verhindern jedoch die Symbiosealgen: Zooxanthellate Korallen beherbergen in ihrem Gewebe eine immense Anzahl einzelliger Algen der Gattung *Symbiodinium*. Diese so genannten Zooxanthellen fungieren als kleine Kraftwerke, die einen Großteil des Energiebedarfs der Korallenpolypen decken. Aus Wasser und Kohlendioxid produzieren sie mithilfe des Sonnenlichtes organische Substanzen (hauptsächlich Glyzerin, Fettsäuren und einige Aminosäuren), die sie als Nahrung an den Korallenpolypen weiterleiten. Weil die Zooxanthellen somit also Kohlensäure aufnehmen, steht diese auch nicht mehr zur Verfügung, um das Kalkskelett im Sinne der Gleichgewichtsreaktion (siehe Seite 8) wieder aufzulösen.

Im Gegensatz zu SPS wachsen die meisten LPS eher langsam. Als Maß für ihr Skelettwachstum dient die Kalzifizierungsrate. Während kleinpolypige Steinkorallen sehr hohe Kalzifizierungsraten aufweisen und jährlich bis zu 20 cm wachsen können (z. B. *Acropora pulchra*), legen die Skelette großpolypiger Steinkorallen meist nur wenige Millimeter pro Jahr an Größe zu.

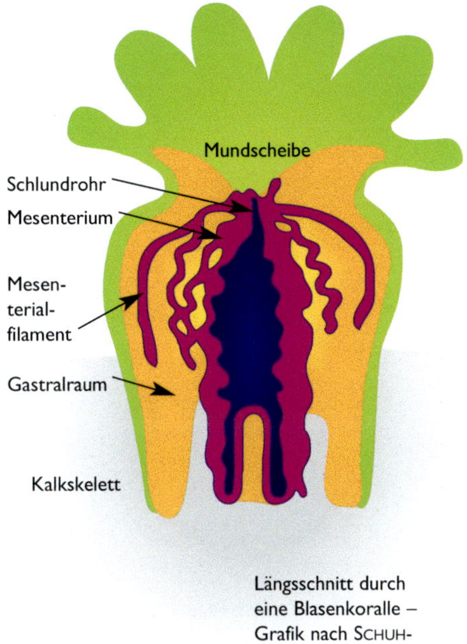

Längsschnitt durch eine Blasenkoralle – Grafik nach SCHUHMACHER (1991) und VERON (2000)

Der Polypenkörper

Der Polypenkörper ist in seiner Grundstruktur sackförmig. Unten – dieser Teil wird Gastralraum oder Coelenteron genannt – ist er weit, und nach oben hin verengt er sich zu einem Schlundrohr (Pharynx), das in der darüber liegenden Mundscheibe endet. Diese dient nicht nur der Nahrungsaufnahme, sondern auch zur Ausscheidung verdauter Nahrungsreste. Bei vielen LPS ist die Mundscheibe von Tentakeln umgeben, die einigen Arten (z. B. *Nemenzophyllia turbida*) jedoch fehlen. Außerdem zeigen manche Spezies ihre Tentakel nur nachts (z. B. *Plerogyra sinuosa, P. simplex* und *Cynarina lacrymalis*), während sie von anderen (z. B. *Catalaphyllia jardinei, Euphyllia* spp.) auch tagsüber ausgestreckt werden.

Das Polypengewebe besteht aus zwei Zellschichten: der äußeren Ektodermis und der inneren Gastrodermis. Zwischen ihnen erstreckt sich eine gelatinöse Struktur, die Mesogloea. Auf der Ektodermis befinden sich unzählige Wimperhärchen (Cilien), die u. a. dafür sorgen, den in der Ektodermis produzierten Schleim gleichmäßig über das Polypengewebe zu verteilen. Außerdem helfen sie dabei, Schmutz (z. B. Sedimente) von der Polypenoberfläche zu entfernen. Die Zooxanthellen sind in der Gastrodermis eingelagert, und der Gastralraum wird durch sechs feine Zwischenwände (Mesenterien) untergliedert. Diese vergrößern die innere Oberfläche des Gastralraums, was zu einer verbesserten Verdauung, Fotosyntheseleistung der Zooxanthellen und Atmung des Polypen führt. Dieser Effekt wird durch feine Filamente, die aus den Mesenterien entspringen (Mesenterialfilamente) weiter verstärkt. Zudem enthalten die Mesenterien die Reproduktionsorgane der Koralle.

Eine Hammerkoralle (*Fimbriaphyllia ancora*) in den trüben Gewässern der Lagune von Da Nang, Zentral-Vietnam. In solchen Biotopen können sich kleinpolypige Steinkorallen nur schwer behaupten.

Natürlicher Lebensraum

Die Lebensräume klein- und die großpolypiger Steinkorallen unterscheiden sich in vielerlei Hinsicht. Während SPS in der Regel die sonnendurchfluteten, nährstoffarmen und strömungsreichen Bereiche eines Korallenriffs bewohnen, finden sich LPS eher in Habitaten mit schwächerer Wasserbewegung. Die dort herrschende Strömungsarmut geht häufig mit trüberem Wasser und erhöhten Nährstoffkonzentrationen einher, die von kleinpolypigen Arten nicht toleriert werden. Einerseits dringt durch trübes Wasser nicht genug Sonnenlicht zu diesen lichthungrigen Tieren vor, und andererseits reagieren SPS empfindlich auf Schwebstoffe, die sich auf ihnen ablagern und ihr Gewebe absterben lassen. Viele großpolypige Steinkorallenarten haben sich demgegenüber hervorragend an solche Biotope angepasst und finden sich dort häufig zwischen Leder- und Weichkorallen.

Plerogyra sinuosa inmitten von *Xenia*-Weichkorallen auf einem eher strömungsarmen Riffdach im Roten Meer in der Nähe von Hurghada

Herrliches Aquarium mit einem gemischten Besatz an klein- und großpolypigen Steinkorallen sowie verschiedenen Lederkorallen und anderen Invertebraten. In solchen Aquarien sind LPS leicht zu pflegen. Schauaquarium Zoo Zajac, Duisburg

Ein Aquarium für großpolypige Steinkorallen

Für die Pflege großpolypiger Steinkorallen benötigt man kein Spezialaquarium. In Riffaquarien können sie sowohl mit SPS als auch mit Leder- und Weichkorallen ausgezeichnet gemeinsam gepflegt werden. Die meisten großpolypigen Steinkorallen gliedern sich problemlos in solche Lebensgemeinschaften ein, sofern einige Grundregeln beachtet werden.

Aquariengröße

Wenngleich die Pflege großpolypiger Steinkorallen in Aquarien sehr unterschiedlicher Ausmaße möglich ist, halte ich eine Größe von 300–500 Liter für ideal. Die Betriebskosten solcher Aquarien sind überschaubar, und eine hohe Wasserqualität kann leichter aufrechterhalten werden als in sehr viel kleineren Becken. Einige Arten, z. B. kleine Blasenkorallen (*Plerogyra* sp.) oder die Wulstkoralle (*Trachyphyllia geoffroyi*), eignen sich jedoch auch für die Unterbringung in den derzeit beliebten Nano-Riffaquarien mit moderner und leistungsstarker Technik, sofern der Pfleger in der Lage ist, trotz des geringen Volumens für konstante Umweltbedingungen zu sorgen. Dabei ist jedoch zu bedenken, dass einige Spezies für die dauerhafte Pflege in sehr kleinen Aquarien zu groß werden und teilweise Kampftentakel ausbilden, was eine Vergesellschaftung mit anderen Wirbellosen auf engem Raum zusätzlich erschwert.

Viele LPS lassen sich gut mit anderen Wirbellosen vergesellschaften – hier eine Gruppe von Wulstkorallen (*Trachyphyllia geoffroyi*) in einem Schauaquarium auf der Messe „Zierfische und Aquarium 2009", Duisburg

Dichte

Die Dichte des künstlichen Meerwassers im Riffaquarium sollte bei einer Temperatur von 25 °C auf 1.022–1.024 g/ml eingestellt werden – dies gilt natürlich nicht nur für die Pflege von LPS. Allerdings reagieren großpolypige Steinkorallen offensichtlich weitaus empfindlicher auf Dichteschwankungen als SPS, weshalb die Dichte wenigstens beim wöchentlichen Teilwasserwechsel überprüft und bei Bedarf korrigiert werden sollte. Aufgrund dieser Sensibilität sollte auch das Nachfüllen von verdunstetem Wasser stets mit Umsicht erfolgen – am besten wird es nicht direkt ins Aquarium gegossen, sondern (falls vorhanden) ins Filterbecken. Ansonsten sollte das Süßwasser zumindest in einem stark durchströmten Bereich zugegeben werden, sodass es nicht direkt auf eine Koralle trifft. Andernfalls könnten Gewebeschäden die Folge sein.

Beleuchtung

Aufgrund ihrer Anpassung an eher lichtarme Habitate benötigen die meisten LPS keine extrem starke Beleuchtung, wie sie z. B. bei der Pflege von *Acropora*-Geweihkorallen üblich ist. Der geringere Lichtbedarf ermöglicht es zudem, großpolypige Steinkorallen bei der Verwendung von HQI- oder T5-Beleuchtung im mittleren bis unteren Bereich eines Riffaquariums anzusiedeln. Dabei können sie je nach Gattung entweder auf dem Gestein platziert werden (z. B. *Plerogyra*, *Nemenzophyllia*) oder ihrem natürlichen Habitat entsprechend di-

Unter optimalen Pflegebedingungen können Wulstkorallen über Jahre hinaus ihre herrlichen Farben behalten und attraktive Farbkleckse im Aquarium bilden

rekt mit dem Skelett auf den Bodengrund gelegt werden (z.B. *Trachyphyllia geoffroyi*, *Catalaphyllia jardinei* und *Cynarina lacrymalis*). Wichtig ist bei neu erworbenen Tieren die behutsame Gewöhnung an die Lichtverhältnisse im Aquarium. Da großpolypige Steinkorallen sehr empfindlich auf sich schnell ändernde Beleuchtungsstärken reagieren, sollten sie zunächst in weniger stark beleuchteten Bereichen des Aquariums untergebracht werden. Von hier aus können sie bei Bedarf langsam (über mehrere Wochen hinweg) an ihren endgültigen Standort mit höherer Lichtintensität versetzt werden. Schäden, die durch einen Lichtschock infolge zu starker Beleuchtung entstanden sind, können oftmals nicht wieder regeneriert werden und führen zum Verlust des Polypengewebes und damit zum Verenden der Koralle.

Strömung

Mit Ausnahme einiger *Fimbriaphyllia*-Arten und *Catalaphyllia jardinei* vertragen die in diesem Band vorgestellten LPS keine allzu starke Strömung – dementsprechend sollten sie im Aquarium auch nur in mäßig durchströmten Bereichen angesie-

Wulstkoralle (*Trachyphyllia geoffroyi*), die aufgrund schlechter Wasserparameter oder durch einen Lichtschock Ausbleichungserscheinungen zeigt. Dermaßen geschädigte großpolypige Steinkorallen sind nicht mehr zu retten und sollten auf keinen Fall gekauft werden.

Fimbriaphyllia paradivisa in Gesellschaft verschiedener kleinpolypiger Steinkorallen

delt werden. Großpolypige Steinkorallen sollten niemals frontal von einem starken Strömungsstrahl getroffen werden, wie er z. B. direkt am Auslauf einer Strömungspumpe entsteht, sondern von der Strömung nur sanft gestreift werden – denn zu starke Strömung drückt das Polypengewebe an das Kalkskelett, wodurch Verletzungen entstehen, die nur schwer wieder heilen. Wenn sich eine großpolypige Steinkoralle im Aquarium mehrere Tage lang nicht öffnet, ist zu starke Strömung oft die Ursache, und die betroffene Koralle sollte dann rasch an eine Stelle mit schwächerer Strömung umgesetzt werden.

Tipp: Welcher Strömungsintensität eine Koralle tatsächlich ausgesetzt ist, hängt nicht nur vom Abstand zur Strömungspumpe ab, sondern auch von Hindernissen (z. B. Steinen) zwischen Pumpe und Koralle, in deren „Strömungsschatten" diese gedeihen kann. Auch seitlich von Strömungspumpen herrscht oft die Art der sanften Strömung, die LPS bevorzugen.

Wasserbelastung mit anorganischen Nährstoffen

Niedrige Konzentrationen anorganischer Nährstoffe sind für die erfolgreiche Pflege von LPS sehr wichtig: Die Nitratkonzentration sollte 15 mg/l nicht überschreiten, und die Phosphatkonzentration sollte unter 0,2 mg/l betragen. Tatsächlich sind die Korallen selbst gar nicht sonderlich empfindlich gegenüber erhöhten Nährstoffwerten – allerdings lassen diese gefährliche Bohralgen gedeihen, die sich in den Kalkskeletten von LPS ansiedeln und bei günstigen Bedingungen schneller wachsen, als die Koralle neues Skelettmaterial aufbauen kann. Erreichen die Bohralgen erst einmal die sogenannte Matrix, in

Eine optimale Kalzium- und Karbonatversorgung ist auch für großpolypige Steinkorallen überlebenswichtig. Allerdings ist ihr Bedarf an diesen beiden Substanzen bei Weitem nicht so groß wie bei kleinpolypigen Steinkorallen.

der die Kalksynthese stattfindet, lösen sich die Polypen zumeist vom Skelett, und die Koralle stirbt. Außerdem behindern hohe Phosphatkonzentrationen den Skelettaufbau, und in Extremfällen können sie auch zum schnellen Verenden von LPS führen, ein Phänomen, über das derzeit noch wenig bekannt ist.

Versorgung mit Kalzium- und Hydrogenkarbonat

Das Meerwasser der Korallenriffe weist eine Kalziumkonzentration von etwa 420 mg/l sowie eine Karbonathärte von 6–7 °KH auf. In der Riffaquaristik hat es sich aber bewährt, eine leicht erhöhte Karbonathärte von 7–10 °KH einzustellen, wohingegen die natürliche Kalziumkonzentration auch unter Aquarienbedingungen optimal ist.

Aufgrund ihres langsamen Wachstums verbrauchen LPS eher wenig Kalzium und Hydrogenkarbonat. In einem hauptsächlich mit Steinkorallen besetzten Riffaquarium wird man den Verbrauch dieser Elemente aber ohnehin regelmäßig mithilfe von Messreagenzien überprüfen und den Verbrauch entweder durch den Betrieb eines Kalkreaktors oder die sogenannte Kalziumchlorid/Natriumhydrogenkarbonat-Methode (siehe Seite 17) nachdosieren. Bei der überwiegenden Pflege von Leder- und Weichkorallen sowie wenigen LPS kann darauf in der Regel aber verzichtet werden, und es genügt, den Kalziumverbrauch alle 2–3 Wochen zu messen, um den so ermittelten Verbrauch durch die tägliche Zugabe von Kalkwasser zu ersetzen.

Tipp: Da Kalkwasser chemisch sehr instabil ist, wird es am besten jeden Tag einige Stunden vor seiner Verwendung frisch angesetzt

Skelett einer Hammerkoralle (*Euphyllia ancora*), das von Bohralgen befallen war – daraufhin kam es zum teilweisen Verlust des Polypen. Nach Verbesserung der Wasserqualität konnte er sich erholen, und der beschädigte Teil des Skeletts ist mittlerweile von Kalkrotalgen überwachsen.

Die Herstellung von Kalkwasser ist sehr einfach: In einen Kanister (5 l) mit Ablasshahn in Bodennähe gibt man einen halben Teelöffel Kalziumhydroxid. Anschließend füllt man mit Süßwasser (sauberes Leitungswasser oder Umkehrosmosewasser) auf, schüttelt den Kanister kräftig und wartet dann, bis sich das nicht gelöste Kalziumhydroxid absetzt. Die klare Kalziumhydroxid-Lösung lässt man täglich abends, nach Erlöschen der Beleuchtung, tröpfchenweise an einer strömungsreichen Stelle in das Aquarium laufen. Auf diese Weise kann der Kalziumbedarf von Riffaquarien gedeckt werden, die nur wenige Kalziumverbraucher beherbergen. Kalkwasser hilft außerdem dabei, die Phosphatkonzentration gering zu halten. Aber Vorsicht: Das stark basische Kalziumhydroxid-Pulver darf nie direkt ins Aquarium gegeben werden. Auch sollte der Aquarianer Hautkontakt vermeiden und seine Augen schützen.

Sofern die Zugabe von Kalkwasser nicht ausreicht, um die Kalziumkonzentration dauerhaft bei 420 mg/l zu

Die Zugabe von Kalkwasser ist eine hervorragende Methode, um in Aquarien mit einem Besatz aus LPS sowie Leder- und Weichkorallen die lebensnotwendigen Kalziumionen nachzudosieren

halten, und wenn zudem die Karbonathärte auf 5 °KH absinkt, sind Kalziumchlorid- und Natriumhydrogenkarbonat-Lösungen eine sehr gute Ergänzung, da sie gezielt eingesetzt werden können. Eine Nachdosierung von Kalzium und Karbonaten über einen Kalkreaktor ist zwar auch möglich, doch rentiert sich die Anschaffung eines solchen Geräts kaum in Aquarien, die einen nur geringen Kalziumverbrauch aufweisen.

Die Lösungen stellt man nach folgendem Rezept her: Für die Kalziumchlorid-Lösung löst man 71,5 g Kalziumchlorid-Dihydrat in 1 l Wasser und für die Natriumhydrogenkarbonat-Lösung 84 g Natriumhydrogenkarbonat in 1 l Wasser. Alternativ sind beide Lösungen bereits fertig gemischt im Fachhandel erhältlich.

Von beiden Lösungen gibt man die dem Verbrauch entsprechende Menge möglichst regelmäßig dem Aquarienwasser zu. Hierzu sollten die Lösungen an voneinander entfernt liegenden Stellen mit jeweils starker Strömung dosiert werden, um das Ausfällen von Kalziumkarbonat zu verhindern. Überdosierungen sind auf jeden Fall zu vermeiden. Daher sollten die benötigten Mengen entweder zuvor berechnet werden, oder man überprüft während der Zugabe die Kalziumkonzentration und die Karbonathärte mit entsprechenden Messreagenzien.

Tipp: Kalkwasser sollte deshalb abends bzw. nachts dosiert werden, weil es einen sehr hohen pH-Wert besitzt. Da der pH-Wert in der Dunkelphase des Aquariums aufgrund des dann fehlenden Kohlendioxidverbrauchs der Algen im Aquarium absinkt, werden auf diese Weise starke Schwankungen dieses wichtigen Wasserparameters verhindert. Vorsicht: Wegen des hohen pH-Wertes darf Kalkwasser dem Aquarienwasser immer nur in geringen Mengen und über einen größeren Zeitraum (Dosierpumpe oder Tröpfchenmethode) zugeführt werden.

Regelmäßige Pflegemaßnahmen

Pflegemaßnahme	Intervall
Nachfüllen von verdunstetem Wasser	täglich (am besten mit frischem Kalkwasser)
Ansetzen von frischem Kalkwasser	täglich
Kalziumchlorid- und Natriumhydrogen-karbonat-Lösungen	nach Bedarf
Teilwasserwechsel	10–20 % im Monat auf vier Chargen (also 2,5–5 % pro Woche) verteilt
Reinigung der Strömungspumpen	alle 4 Wochen
Reinigung des Abschäumers	· Schaumauffangbecher mit oberem Steigrohr alle 2–3 Tage · Gesamtabschäumer in Abhängigkeit vom Typ nach Bedarf
Erneuerung der Leuchtmittel	alle 12 Monate
Reinigung der Sichtscheiben	wöchentlich bzw. nach Bedarf

Messung der Wasserparameter

Messwert	Optimaler Bereich	Messzeitintervall
Temperatur	24–26 °C	täglich
Dichte	1.022–1.024 g/ml (bei 25 °C)	wöchentlich
pH-Wert	tageszeitliche Schwankungen von 7,8–8,5	alle 2 Wochen
Karbonathärte	7–10 °KH	alle 2 Wochen
Kalziumkonzentration (Ca^{2+})	420 mg/l	alle 2 Wochen
Nitritkonzentration (NO_2^-)	unter 0,1 mg/l	· alle 4 Wochen · in der Einfahrphase wöchentlich
Nitratkonzentration (NO_3^-)	unter 15 mg/l	alle 4 Wochen
Phosphatkonzentration (PO_4^{3-})	unter 0,2 mg/l	alle 4 Wochen

Optimal eingerichtete Verkaufsanlage für großpolypige Steinkorallen bei „Zoo Zajac“, Duisburg

Auswahl beim Aquaristik-Fachhändler

Um lange Freude an seinen Pfleglingen haben zu können, sollte man beim Kauf großpolypiger Steinkorallen darauf achten, gesunde Exemplare zu erwerben. Zur Beurteilung des Gesundheitszustands der angebotenen Tiere können mehrere Kriterien herangezogen werden.

Das Gewebe von LPS darf nicht verletzt sein, und keinesfalls darf das Kalkskelett aus dem Polypenkörper herausragen. Großpolypige Steinkorallen, deren Kalkskelett infolge von Transportstress, Verletzungen sowie schlechten Bedingungen im Verkaufsaquarium nur teilweise besiedelt ist, regenerieren sich nur in Ausnahmefällen. Von ihrem Kauf sollte daher Abstand genommen werden. Ein voll expandierter Polypenkörper zeugt hingegen von einem guten Gesundheitszustand.

Voll expandiertes, kräftig gefärbtes Korallengewebe (hier: *Trachyphyllia geoffroyi*) zeugt von einem guten Gesundheitszustand

Auch die Färbung kann ein wichtiger Anhaltspunkt sein: Extrem bleiche Tiere haben oft ihre Zooxanthellen verloren und sind zu-

Kräftig gefärbte Exemplare von *Scolymia australis* sind in der Aquaristik außerordentlich beliebt geworden
Foto: D. Knop

Acanthophyllia deshayesiana mit unvollständig aufgepumptem Gewebe; hier wird die typische, grobe Zackung der Septenränder sichtbar. Oben im Bild ist noch eine Wulstkoralle (*Trachyphyllia geoffroyi*) zu erkennen. Foto: D. Knop

meist selbst mit guter Pflege nicht mehr zu retten. Aber auch bei unnatürlich kräftigen Farben ist Vorsicht geboten: Solche Exemplare könnten künstlich eingefärbt worden sein – eine Prozedur, die in den meisten Fällen ebenfalls tödliche Folgen hat.

Eindeutige Hinweise auf einen schlechten Zustand einer Koralle sind Faden- und Schmieralgen, die auf Skelettteilen wachsen. Anzeichen von Parasitenbefall oder Krankheiten sind z. B. ständig eingezogenes oder schlaff herunterhängendes Gewebe, brauner Schleim an der Basis des Polypenkörpers sowie Gasbläschen, die äußerlich oft als kleine Beulen im Gewebe zu erkennen sind.

Ausgebleichte LPS, hier eine Wulstkoralle (*Trachyphyllia geoffroyi*), haben kaum Überlebenschancen

Tipp: Ist man sich hinsichtlich des Gesundheitszustands einer Koralle nicht sicher, sollte man das betreffende Exemplar nicht sofort kaufen, sondern es – sofern möglich – lieber einige Tage lang im Händleraquarium beobachten. Bei einer voll geöffneten LPS, die sich bei Berührung zusammenzieht und kräftige, natürlich wirkende Farben aufweist, handelt es sich aber höchstwahrscheinlich um ein gesundes Tier, das bedenkenlos gekauft werden kann.

Eingewöhnung

Großpolypige Steinkorallen reagieren nicht nur empfindlich auf Dichteschwankungen, sondern auch auf mechanische Einwirkung. Daher sollte man beim Transport sorgsam darauf achten, dass ihr

Blasenkoralle (*Plerogyra sinuosa*) mit degeneriertem Gewebe – so schwer geschädigte LPS erholen sich oftmals nicht mehr

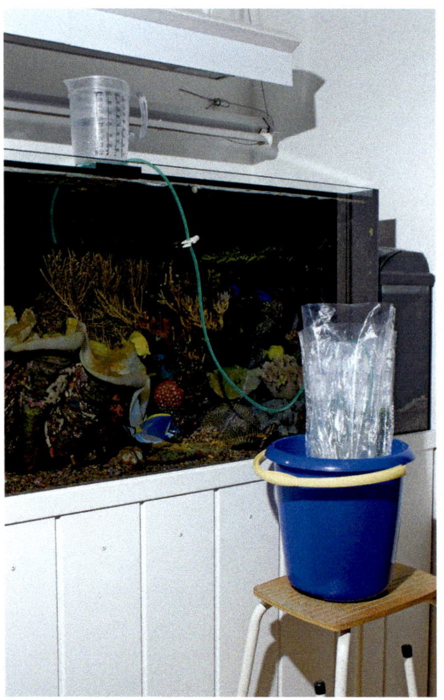

Neu gekaufte großpolypige Steinkorallen werden am besten mithilfe der Tröpfchenmethode an die Wasserparameter des neuen Aquariums gewöhnt

Gewebe nicht am Transportbeutel scheuert, wodurch die Kalksepta von innen auf das Gewebe drücken und es verletzen könnten. Um solche meist schwer heilenden Verletzungen zu vermeiden, werden LPS am besten auf einem Stück Styropor fixiert, damit sie im Transportbeutel kopfüber schwimmen können und nirgendwo anstoßen. Auch beim anschließenden Auspacken ist Umsicht gefordert: Indem man die Korallen stets am unteren Ende des Kalkskeletts anfasst, können Gewebeverletzungen, z. B. durch Quetschung, umgangen werden.

Tipp: Um die gegenüber Dichteschwankungen sehr empfindlichen Tiere zu schonen, sollten LPS mittels Tröpfchenmethode an das Wasser im neuen Aquarium gewöhnt werden: Hierzu leitet man Aquarienwasser mit einem dünnen Schlauch tropfenweise über einen Zeitraum von 2–3 Stunden direkt in den Transportbeutel. Danach überführt man die Koralle unter Wasser aus dem Transportbeutel in das Aquarium, um Luftkontakt zu vermeiden.

Fütterung

Da LPS ihren Energiebedarf fast vollständig durch die Fotosyntheseprodukte ihrer Symbiosealgen decken können, ist eine zusätzliche Fütterung nicht unbedingt notwendig. Außerdem profitieren großpolypige Steinkorallen ohnehin von der täglichen Fischfütterung, denn zufällig auf ihr Gewebe fallende Futterbrocken werden meist schnell verschlungen. Dennoch spricht nichts dagegen, seinen Korallen hin und wieder etwas Gutes zu tun und ihnen einen extra Leckerbissen zu reichen. Eine gezielte Fütterung kann auch helfen, durch Transport oder Krankheit geschwächte oder degenerierte Tiere „aufzupäppeln“. Zu diesem Zweck sollte zwei- bis dreimal pro Woche Futter angeboten werden: Hierfür eigenen sich z. B. kleine Exemplare von Mysis, Artemia oder Krill, die mithilfe einer Pinzette am besten direkt innerhalb des Tentakelkranzes der Korallen platziert werden. Bei Blasenkorallen kann das Futter behutsam zwischen die Blasen gesteckt werden.

Einige LPS können tagsüber gefüttert werden (z. B. *Fimbriaphyllia*), während andere (z. B. *Trachyphyllia*, *Cynarina*) nur nachts ihre Tentakel ausstrecken und natürlich auch nur dann gefüttert wer-

Nachts strecken Blasenkorallen zahlreiche kurze Tentakel aus

den können. Unter Aquarienbedingungen lassen sich aber auch manche Individuen dieser Gattungen dazu bewegen, tagsüber ihre Tentakel zu zeigen – etwa dann, wenn durch die Fischfütterung „Lockstoffe" im Aquarienwasser vorhanden sind.

Ein Problem bei der gezielten Fütterung großpolypiger Steinkorallen ist, dass sich Fische und Garnelen oftmals an dem für die Koralle gedachten Futter bedienen, bevor diese die Gelegenheit hat, es in den Gastralraum zu transportieren. Wenn andere Tiere an LPS herumpicken, um an die begehrten Leckerbissen zu gelangen, bedeutet das für die betroffenen Korallen Stress. Hier ist der Pfleger gefragt, der die potenziellen Futterdiebe so lange in Schach halten muss, bis die Koralle sich das Futter vollständig einverleibt hat. Leider versuchen manche Garnelen (z. B. *Stenopus hispidus*) sogar manchmal, bereits verschlungenes Futter wieder aus dem Schlund der Koralle herauszuziehen. Etwas weniger gestört kann die Fütterung erfolgen, wenn sie nachts bzw. nach Erlöschen der Beleuchtung vorgenommen wird – dann sind zumindest die Fische nicht mehr aktiv.

Tipp: LPS sollten ausschließlich Frostfutter erhalten. Trockenfutter wird in der Regel nicht verdaut. Im besten Fall wird es einfach unverdaut wieder ausgestoßen – aber wenn dies nicht gelingt, kann es zu Fäulnisprozessen im Gastralraum kommen, die für die Koralle tödlich sein können. Solche Fäulnisprozesse sind manchmal an blasenartigen Ausstülpungen des Gewebes zu erkennen.

Blasenkoralle mit zahlreichen Kampftentakeln – diese verfügen über ein sehr starkes Nesselgift, mit dessen Hilfe Raumkonkurrenten verdrängt oder gar getötet werden können

Raumkonkurrenz

Kleinpolypige Steinkorallen haben durch ihr enormes Wachstumspotenzial die Möglichkeit, sich gegen Raumkonkurrenten durchzusetzen, indem sie diese einfach überwachsen und so vom Licht abdrängen. Diesen Vorgang nennt man indirekte Kompetition – und großpolypige Steinkorallen beherrschen ihn nicht, denn ihre Wachstumsgeschwindigkeit ist dafür zu gering. Sie mussten zwangsläufig andere Strategien entwickeln, um im harten Überlebenskampf im Korallenriff bestehen zu können.

Hierzu gehören die Fähigkeit, Habitate zu erobern, in denen kleinpolypige Steinkorallen nur schwer überleben können, aber auch die Entwicklung sehr effizienter Abwehrstrategien gegen Raumkonkurrenten – z. B. die Ausbildung der sogenannten Kampftentakel. Viele LPS besitzen kurze Tentakel, die dicht mit unzähligen Nesselzellen besetzt sind und zum Planktonfang eingesetzt werden. Einige Arten, z. B. *Plerogyra sinuosa*, sind aber zusätzlich in der Lage, ihre Tentakel extrem zu verlängern, um sie zur Verteidigung einzusetzen. Auch diese Kampftentakel besitzen zahlreiche Nesselzellen, die mit einem sehr starken Nesselgift versehen sind. Mit ihnen tastet die

Solche Verletzungen können die Kampftentakel von Blasenkorallen verursachen: ein Elefantenohr (*Amplexidiscus fenestrafer*) wurde fast bis zur Mundscheibe „zerschnitten"

Koralle ihre Umgebung ab, und wenn es dabei zu einer Berührung mit Raumkonkurrenten kommt, werden die Nesselkapseln abgefeuert, um das fremde Gewebe zu zerstören. Diese Verteidigungsstrategie ist sehr effektiv, und schwächere Korallen können auf diese Weise schnell schwer verletzt werden. Im Aquarium ist das durchaus ein Problem, denn z. B. Blasenkorallen können an benachbarten Korallen binnen einer einzigen Nacht große Schäden anrichten. Neben der eigentlichen Verletzung durch das Nesselgift kommt es an vernesseltem Korallengewebe zudem häufig zu schweren Infektionen.

Tipp: Da viele großpolypige Steinkorallen Kampftentakel ausbilden, sollten sie grundsätzlich mit reichlich Sicherheitsabstand zu anderen sessilen Wirbellosen platziert werden, damit sie diese nicht vernesseln

Vergesellschaftung

Vergesellschaftung mit anderen sessilen Wirbellosen

Großpolypige Steinkorallen lassen sich problemlos gemeinsam mit vielen sessilen Wirbellosen pflegen, sofern sie in ausreichend großem Sicherheitsabstand platziert werden, sodass es nicht zu gegenseitigen Vernesselungen kommen kann. Gegen das starke Nesselgift z. B. von Blasenkorallen haben kleinpolypige Steinkorallen keine Chance. Abgesehen von der Wirkung der Kampftentakel ist auch zu berücksichtigen, dass viele Arten von LPS ihr Gewebe sehr weit ausdehnen können und dann viel Raum in Anspruch nehmen – *Trachyphyllia geoffroyi* erreicht z. B. nur maximal 8 cm an Skelettdurchmesser, ihr Gesamtdurchmesser mit ausgedehntem Gewebe kann aber bis zu 20 cm betragen. Auch *Cynarina lacrymalis* kann insgesamt das Zweieinhalbfache ihres Kalkskelettes messen. Diesem Raumbedarf ist bei der Unterbringung der Korallen im Aquarium

Starkes Wachstum von Kalkrotalgen zeugt von optimalen Pflegebedingungen für großpolypige Steinkorallen – unkontrolliert wachsende Krustenanemonen können aber zu einer ernsthaften Bedrohung werden

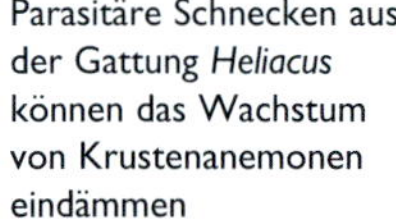

unbedingt Rechnung zu tragen. LPS müssen sich in alle Richtungen ungestört ausdehnen können und sollten mit ihrem Gewebe nicht an die Dekoration oder die Aquarienscheiben stoßen.

Leder-, Weich- und Hornkorallen sind für LPS grundsätzlich gute Beckengenossen. Problematischer ist hingegen die dauerhafte Vergesellschaftung mit schnell wachsenden Scheibenanemonen (z. B.

Parasitäre Schnecken aus der Gattung *Heliacus* können das Wachstum von Krustenanemonen eindämmen

Diese schönen, blauen Scheibenanemonen (*Discosoma* sp.) sind aufgrund ihres schnellen Wachstums eine potenzielle Gefahr für LPS

Ricordea yuma, Discosoma spp.) und Krustenanemonen (*Protopalythoa* spp.). Sie sind gegenüber dem Nesselgift von LPS eher unempfindlich, verfügen teilweise aber selbst über starke Nesselzellen, und weil viele Arten darüber hinaus auch noch sehr schnellwüchsig sind, haben sie durchaus das Potenzial, großpolypige Steinkorallen zu verdrängen. Dies gilt sogar für extrem stark nesselnde Spezies wie *Plerogyra sinuosa*. Fassen Scheiben- und Krustenanemonen erst einmal auf dem Kalkskelett von LPS Fuß, dann ist kaum mehr zu verhindern, dass diese ihr Gewebe früher oder später zurückziehen. Hier ist beherztes Eingreifen des Aquarianers gefragt – aber ist es erst einmal so weit gekommen, lässt sich das weitere Vordringen der aggressiven Spezies in der Regel kaum verhindern, sondern bestenfalls eindämmen und verzögern. Daher gilt: Wehret den Anfängen! Ratsam ist es auf jeden Fall, schnellwüchsige Arten – auch Glasrosen (*Aiptasia* spp.) und Feueranemonen („*Anemonia*" cf. *manjano*) – gar nicht erst dicht an LPS heranwachsen zu lassen.

Tipp: Möglichkeiten zur Bekämpfung stark wachsender Krustenanemonen sind z. B. das Abzupfen der Krustenanemonen mithilfe einer Pinzette, die Injektion von Kalkwasser oder Kalkmilch mit einer Spritze oder der gezielte Einsatz von Fressfeinden wie z. B. der Scheckenart *Heliacus variegatus*

Ricordea florida wächst viel langsamer als die zuweilen stark wuchernde Verwandte *R. yuma* sowie zahlreiche *Discosoma*-Arten

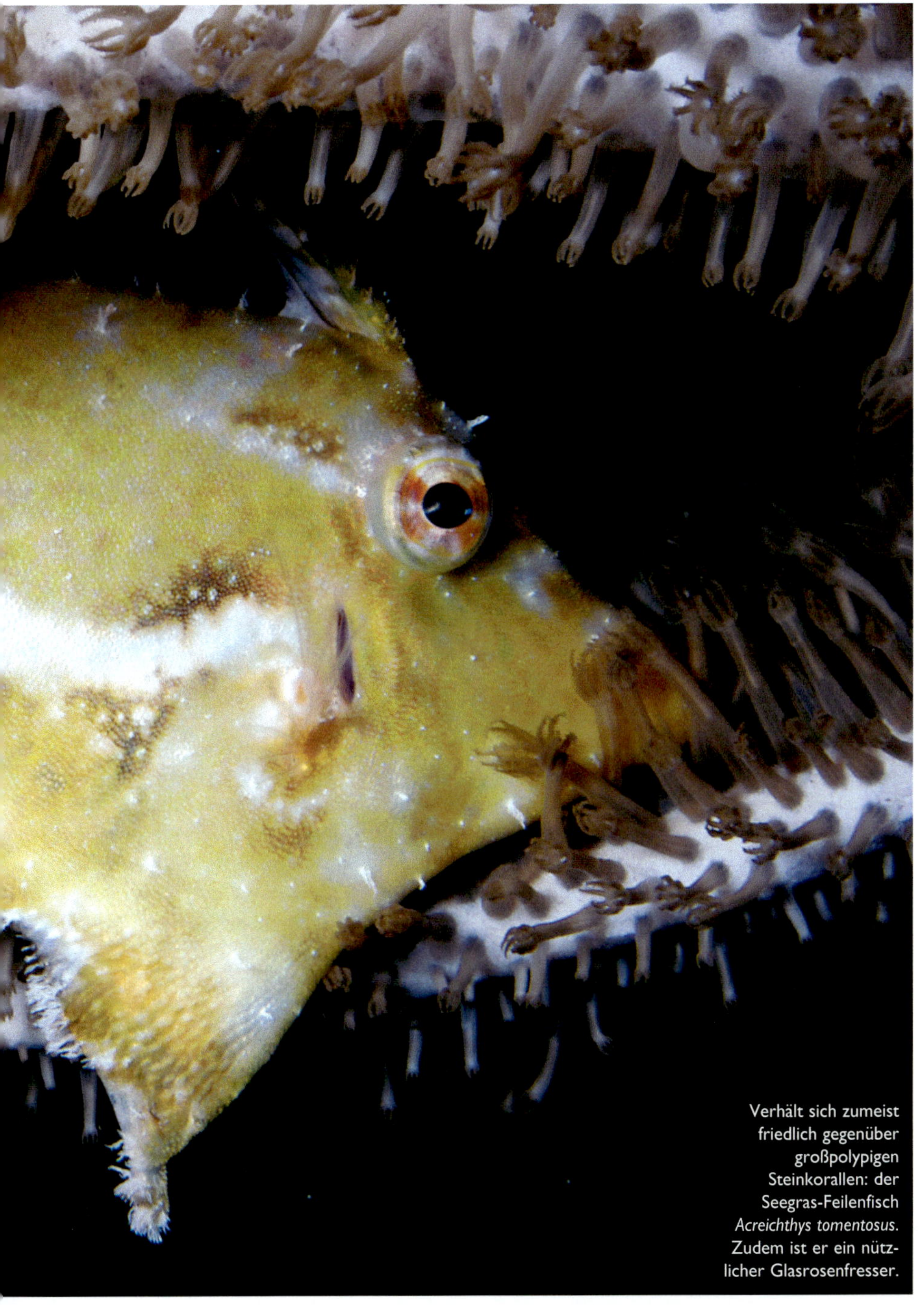

Verhält sich zumeist friedlich gegenüber großpolypigen Steinkorallen: der Seegras-Feilenfisch *Acreichthys tomentosus*. Zudem ist er ein nützlicher Glasrosenfresser.

Kleine Riffbarsche (hier: *Chrysiptera hemicyanea*) lassen sich problemlos mit Steinkorallen vergesellschaften

Vergesellschaftung mit Fischen

LPS können mit vielen Fischarten vergesellschaftet werden. Die meisten Doktorfische der Gattungen *Acanthurus*, *Paracanthurus* und *Zebrasoma* verhalten sich den Korallen gegenüber absolut friedlich, obwohl ich insbesondere bei *Acanthurus*-Arten immer wieder beobachte, dass sie sich an dem aufgeblähten Gewebe von Wulstkorallen scheuern. Warum sie dies tun, ist noch unklar – aber es ist durchaus möglich, dass sich die Doktorfische mit dem Schleim der Wulstkoralle gegen Parasiten wehren oder vor ihnen schützen wollen. Die Wulstkorallen scheint dies aber in keiner Weise zu stören.

Obwohl den Doktorfischen recht ähnlich, bildet das Andamanen-Fuchsgesicht (*Siganus magnificus*) hinsichtlich der Friedfertigkeit eine Ausnahme: Von diesem hübschen Fisch wird immer wieder berichtet, dass er an dem Gewebe großpolypiger Steinkorallen knabbert. Eigene Beobachtungen können dies zumindest für Wulstkorallen sowie *Nemenzophyllia turbida* bestätigen. Wenngleich dieses Verhalten nicht bei allen Individuen vorkommt, würde ich auf eine gemeinsame Pflege vorsichtshalber verzichten.

Zwergbarsche (hier: *Pseudochromis flavivertex*) sind hervorragend für die Pflege in Riffaquarien mit LPS geeignet. Werden Sie paarweise gepflegt, zeigen sie ein interessantes Verhaltensrepertoire.

Oben links: Doktorfische (hier: *Paracanthurus hepatus* zusammen mit *Zebrasoma flavescens*) verhalten sich gegenüber Steinkorallen friedlich

Oben rechts: Die farbenfrohen Feenbarsche (*Gramma loreto*) sind ideale Fische für Riffaquarien mit LPS-Besatz

Dass große Kaiserfische (z. B. *Pomacanthus imperator*) für die gemeinsame Pflege mit LPS kaum geeignet sind, ist allseits bekannt, denn die Gefahr eines Übergriffes auf die Korallen ist sehr groß. Gleiches gilt für viele Zwergkaiserfische der Gattung *Centropyge*. In vielen Fällen wird die Vergesellschaftung mit ihnen zwar eine Zeit lang gut gehen, doch früher oder später kommen die meisten Exemplare auf den Geschmack. Ähnliches gilt für Falterfische wie z. B. *Chaetodon kleinii* und den Pinzettfisch *Chelmon rostratus*. Beide Arten, die gerne zur natürlichen Bekämpfung von Glasrosen in Riffaquarien eingesetzt werden, können jahrelang friedlich an LPS-Korallen vorbeischwimmen, ohne diese zu beachten. Manchmal aber stellen sie ihre Ernährungsgewohnheiten urplötzlich um und zerstören großpolypige Steinkorallen binnen weniger Minuten vollständig. In meinem eigenen Riffaquarium passierte dies mit einem Exemplar von *Chelmon*

Der Samtdoktorfisch (*Acanthurus nigricans*) vergreift sich nicht an Steinkorallen

Oben links: Die meisten Falterfische sind keine gute Gesellschaft für LPS (hier: *Chaetodon marleyi*)

Oben rechts: Hier frisst ein Exemplar von *Chelmon rostratus* eine großpolypige Steinkoralle aus der Familie Mussidae

Rechts: Der wunderschöne Pfauenkaiserfisch (*Pygoplites diacanthus*) wird wahrscheinlich LPS früher oder später anfressen

rostratus: Nach langer, friedlicher Koexistenz begann er eines Tages, eine Wulstkoralle zielgerichtet zu attackieren und regelrecht zu zerfleddern. Die Koralle war trotz großer Bemühungen nicht mehr zu retten. Abgesehen von *Chaetodon kleinii* und *Chelmon rostratus*, bei denen das Verhalten gegenüber LPS stark von individuellen Vorlieben abhängt, sind die meisten Falterfische für die gemeinsame Pflege mit großpolypigen Steinkorallen prinzipiell nicht geeignet.

Dafür gibt es aber eine Vielzahl anderer Fische, die sich hervorragend mit LPS vertragen, sodass ein Aquarium mit großpolypigen Steinkorallen keineswegs fischarm sein muss: Empfehlenswert sind auf jeden Fall Zwergbarsche, Feenbarsche, Demoisellen und Riffbarsche sowie Grundeln, Korallenwächter und kleine, friedliche Lippfische.

Schön, aber bei der gemeinsamen Pflege mit LPS problematisch: das Andamanen-Fuchsgesicht (*Siganus magnificus*)

Auch die herrlichen Kaiserfische der Gattungen *Apolemichthys*, links *A. xanthopunctatus*, und *Chaetodontoplus*, rechts *Ch. conspicillatus*, können nur schwer mit großpolypigen Steinkorallen gemeinsam gepflegt werden. Immer wieder wird von Übergriffen der Fische auf die LPS berichtet.

Der Orangerücken-Zwergkaiserfisch (*Centropyge acanthops*) fühlt sich zwischen dichtem Korallenbewuchs sehr wohl – aber Vorsicht: manche Exemplare knabbern an großpolypigen Steinkorallen

Im Aquarium nehmen Clownfische *Euphyllia*-Steinkorallen gerne als Ersatz für eine fehlende Symbioseanemone an – bei entsprechender Größe stört dies die Koralle nicht

Hübsch und friedlich, aber empfindlich: der Fahnenbarsch *Serranocirrhites latus*

Durch Fragmentierung erzeugte Ableger von *Euphyllia cristata* in einer Verkaufsanlage auf der Messe „Zierfische und Aquarium 2009“, Duisburg

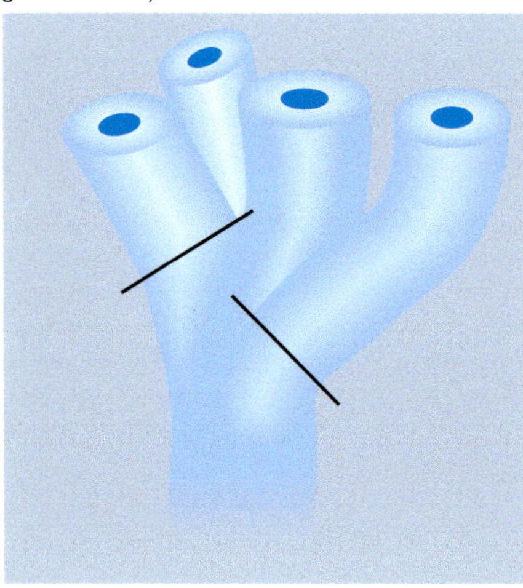

Fragmentierung von LPS mit phaceloider Wuchsform. Einzelne Äste können mittels einer feinen Säge an der gewebefreien Skelettbasis abgetrennt werden (in der Abbildung durch schwarze Markierungen gekennzeichnet).

Vermehrung

Die in diesem Buch vorgestellten großpolypigen Steinkorallen bilden das gesamte Repertoire sexueller Vermehrungsstrategien ab, die derzeit von Nesseltieren bekannt sind: Es gibt hermaphroditische Arten (z.B. *Trachyphyllia geoffroyi* und *Cynarina lacrymalis*) sowie Arten mit getrennten Geschlechtern (z. B. *Euphyllia*-Arten, *Catalaphyllia jardinei*, *Physogyra lichtensteini* und vermutlich *Plerogyra*-Arten). Die meisten Spezies geben Eier und Spermien zu bestimmten Zeiten ins Wasser ab, sodass es zu einer externen Befruchtung kommt. Auf diese Weise entstehen sogenannte Planula-Larven, die sich auf freiem Substrat niederlassen und hier zu neuen Korallen heranwachsen. Bei manchen Exemplaren von *Euphyllia* spp. – insbesondere in äquatornahen Regionen – hat man aber auch beobachtet, dass Planula-Larven erbrütet werden. In diesem Fall kommt es zu einer Befruchtung der Eizelle innerhalb der Mutterkoralle, und die Planula-Larven werden nach ihrer Reifung direkt in das Umgebungswasser abgegeben.

Hinweise darauf, dass eine sexuelle Vermehrung mit anschließender Aufzucht der Planula-Larven auch schon im Aquarium gelungen wäre, sind mir für die hier beschriebenen Arten nicht bekannt. Eine asexuelle Vermehrung kann allerdings auch in gewöhnlichen Riffaquarien stattfinden – z. B. durch Polypenausbürgerung, bei der aus der Mutterkoralle kleine Tochterkorallen („Polyp balls") herauswachsen (z. B. bei *Fimbriaphyllia*-Arten und *Catalaphyllia jardinei*). Bei anderen Spezies, z. B. *Fungia* spp. oder *Cynarina lacrymalis*, können aus den Geweberesten verletzter oder verendender Mutterkorallen ebenfalls Jungtiere hervorgehen. Diese Phänomene treten aber eher zufällig auf und lassen sich im Aquarium nicht gezielt reproduzieren.

Fragmentierte Ableger von *Euphyllia glabrescens* in der Verkaufsanlage von „Brakeler Tierwelt", Brakel

Wer LPS systematisch vermehren möchte, muss auf die Methode der Fragmentierung zurückgreifen. Aufgrund des langsamen Wachstums großpolypiger Steinkorallen können aber grundsätzlich nicht in kurzer Zeit so viele Ableger herangezogen werden wie bei der Fragmentierung schnellwüchsiger SPS.

Die Fragmentierung – also die künstliche Vermehrung von Korallen durch Abtrennen eines Teils – ist nicht bei allen großpolypigen Steinkorallen realisierbar. Extrem schwierig ist diese Methode der Vermehrung zurzeit bei allen Arten mit meandroider (z. B. *Physogyra lichtensteini*) oder flabello-meandroider (z. B. *Catalaphyllia jardinei*) Wuchsform. Bei ihnen würde die Fragmentierung schwere Gewebeschäden hervorrufen, die nur schlecht oder gar nicht ausheilen, denn häufig wird das verletzte Gewebe zusätzlich durch anschließende Infektionen zerstört.

Besser geeignet sind hingegen die phaceloid wachsenden Spezies, insbesondere die relativ schnellwüchsigen Arten wie z. B. *Fimbriaphyllia ancora*. Bei ihnen können einzelne Äste z. B. mit einer fein gezahnten Säge am unteren, gewebefreien Teil der Skelettbasis abgetrennt werden. Dieser Eingriff kann durchaus außerhalb des Aquariums durchgeführt werden, ohne dass die Koralle Schaden nimmt. Auch bei robusten Arten wie *Fimbriaphyllia* spp. werden, kein Gewebe zu verletzen, um die besagten Infektionen zu vermeiden.

Im Fachhandel erhältliche Arten

Familie Trachyphylliidae

Die Familie Trachyphylliidae enthält nur eine Gattung (*Trachyphyllia*), der mit *Trachyphyllia geoffroyi* wiederum nur eine einzige Art angehört.

Wulstkoralle – *Trachyphyllia geoffroyi*

Verbreitung: Indopazifik: vom Roten Meer bis zu den Neuen Hebriden

Lebensraum: Die Wulstkoralle lebt auf Weichböden in Biotopen, die vor starker Strömung und Wellenschlag geschützt sind. Diesen Lebensraum teilt sie häufig mit anderen Korallen wie z. B. *Heteropsammia*, *Cycloseris* und *Diaseris*.

Beschreibung: Das Skelett mit flabello-meandroider Wuchsform erreicht im Durchmesser bis zu 8 cm, die gesamte Koralle kann voll geöffnet aber wesentlich größer sein. Das Gewebe ist fleischig, und es existieren eine bis drei Mundöffnungen von etwa 10 mm Größe. Nachts zieht sich das Gewebe zurück, und zahlreiche kurze Tentakel werden ausgestreckt, die in mehreren Reihen um die Mundscheibe angeordnet sind. Die Wulstkoralle kommt in zahlreichen Farbformen vor, z. B. in Rot, Braun, Blau, Grün und Gelb.

Hier und gegenüberliegende Seite: Farbformen der Wulstkoralle (*Trachyphyllia geoffroyi*)

Weitere Farbvarianten der Wulstkoralle

Tipp: Die Wulstkoralle (*Trachyphyllia geoffroyi*) sollten ihrer natürlichen Lebensweise entsprechend auf dem Bodengrund untergebracht werden

Ernährung: *Trachyphyllia geoffroyi* lebt hauptsächlich von den Fotosyntheseprodukten ihrer Symbiosealgen. Eine ergänzende Fütterung ist möglich, aber nicht nötig. Dazu gibt man z. B. kleine Mysis oder Artemien in den Tentakelkranz. Zu große Futterbrocken werden oftmals nicht vollständig verdaut und wieder ausgestoßen.

Aquarienpflege: Die Wulstkoralle benötigt starke Beleuchtung und mittelstarke Strömung. Ist die Strömung zu heftig, öffnet sich die Koralle nicht vollständig. Vielmehr wird das Gewebe dicht an das Korallenskelett gedrückt, wodurch Verletzungen entstehen können.

Gattungen *Euphyllia* und *Fimbriaphyllia*

Die Gattung *Euphyllia* musste aufgrund verschiedener Charakteristika wie Koloniestruktur, Gewebemorphologie und Vermehrungsart sowie DNS-Sequenzierungsdaten in die zwei Gattungen *Euphyllia* (mit den Arten *E. glabrescens*, *E. paraglabrescens*, *E. cristata*) und *Fimbriaphyllia* (mit den Arten *F. paradivisa*, *F. divisa*, *F. ancora*, *F. paraancora* und *F. yaeyamaensis*) aufgeteilt werden.

Euphyllia cristata

Verbreitung: Indopazifik: von Sumatra bis zu den Fidschiinseln
Lebensraum: Flachwasserbiotope
Beschreibung: *Euphyllia cristata* wächst phaceloid, und ihre Koralliten haben 20–40 mm Durchmesser. Die Grundfarbe der Polypen ist

Euphyllia cristata

Grau oder Grün, und die unverzweigten Tentakel besitzen verdickte Enden. Am häufigsten findet man im Riff kleine, einzeln stehende Tiere. Im Aquaristikhandel ist *E. cristata* selten erhältlich.

Ernährung: Diese Art ernährt sich von den Fotosyntheseprodukten ihrer Symbiosealgen, kann aber auch zusätzlich gefüttert werden.

Aquarienpflege: *Euphyllia cristata* benötigt eine schwache bis mittelstarke Strömung und starke Beleuchtung.

Euphyllia glabrescens

Verbreitung: Indopazifik: vom Roten Meer bis zu den Marshallinseln und Samoa

Lebensraum: Diese Spezies hat sich nicht auf ein bestimmtes Habitat spezialisiert, sondern lebt in unterschiedlichen Riffbiotopen.

Beschreibung: *Euphyllia glabrescens* zeigt eine phaceloide Wuchsform. Die Koralliten haben einen Durchmesser von 20–30 mm und liegen ca. 15–30 mm weit auseinander. Charakteristisch für *E. glabrescens* sind die langen, unverzweigten Tentakel mit verdickten Enden. Die Grundfarbe des Polypen und der Tentakel ist Graugrün oder Graublau, und die Tentakelenden sind zumeist kontrastierend gefärbt (z. B. cremefarben, grün, pink oder weiß).

Euphyllia glabrescens

Euphyllia glabrescens im Riffaquarium – die roten Scheibenanemonen im Hintergrund könnten zu einer Gefahr für die Steinkoralle werden. Ihr Wachstum muss daher mit geeigneten Mitteln kontrolliert werden.

Ernährung: Diese Art ernährt sich von den Fotosyntheseprodukten ihrer Symbiosealgen, kann aber auch zusätzlich gefüttert werden.
Aquarienpflege: *Euphyllia glabrescens* ist ein empfindlicher Pflegling und muss sehr behutsam an die Aquarienbedingungen akklimatisiert werden („Tröpfchenmethode"). Zudem reagiert die Art sehr empfindlich auf das Wachstum von Bohralgen in ihrem Skelett. Um dieses Phänomen zu verhindern, ist eine optimale Wasserqualität unabdingbar. *Euphyllia glabrescens* liebt eine mittelstarke bis starke Wasserbewegung sowie starke Beleuchtung.

Fimbriaphyllia paradivisa

Fimbriaphyllia paradivisa

Verbreitung: Indonesien, Sumatra und Philippinen

Lebensraum: Flachwasserbiotope, die vor starkem Wellenschlag geschützt sind

Beschreibung: Diese Art wächst phaceloid. Die Grundfarbe der Polypen ist Grau oder Grün, und die verzweigten Tentakel haben verdickte Enden. Damit ähnelt diese Spezies *E. divisa*, die jedoch eine flabello-meandroide Wuchsform aufweist, weshalb sich beide Arten in geschlossenem Zustand leicht unterscheiden lassen.

Ernährung: *Fimbriaphyllia paradivisa* ernährt sich von den Fotosyntheseprodukten ihrer Symbiosealgen, kann aber auch zusätzlich gefüttert werden.

Aquarienpflege: Diese Art benötigt eine schwache bis mittelstarke Strömung und starke Beleuchtung.

Fimbriaphyllia divisa

Verbreitung: Indopazifik: von Sumatra bis zum Bismarck-Archipel

Lebensraum: Trübe Flachwasserbiotope, wächst an vertikalen Flächen

Fimbriaphyllia divisa

Beschreibung: *Fimbriaphyllia divisa* zeigt eine flabello-meandroide Wuchsform. Die Tentakel sind verzweigt, ihre Enden sind verdickt, und Korallen dieser Art können bis zu 1 m im Durchmesser erreichen.

Ernährung: Diese Spezies ernährt sich von den Fotosyntheseprodukten ihrer Symbiosealgen, kann aber auch zusätzlich gefüttert werden.

Aquarienpflege: *Fimbriaphyllia divisa* gehört zu den leichter zu pflegenden Arten der Gattung. Sie benötigt mittelstarke Strömung und Beleuchtung und wächst bei guter Pflege zu imposanter Größe heran. Auch diese Art reagiert empfindlich auf Bohralgenwachstum.

Hammerkoralle – *Fimbriaphyllia ancora*

Verbreitung: Indopazifik: von den Malediven bis zum Bismarck-Archipel

Lebensraum: Flachwasserbiotope mit geringer Wellenbewegung

Beschreibung: *Fimbriaphyllia ancora* wächst flabello-meandroid und ist sehr leicht an ihren charakteristischen Tentakeln zu erkennen, deren Spitzen in Form eines Ankers, Hammers oder T-förmig aus-

Auch im Aquarium kann die Hammerkoralle riesige Stöcke ausbilden, von denen sich einzelne Äste abtrennen und dann als Ableger an befreundete Aquarianer weitergeben lassen. Diese *Fimbriaphyllia ancora* lebt seit vielen Jahren im Aquarium von R. Grismar, Ulm, und hat bereits viele Ableger hervorgebracht. Sie dient schon lange einem Pärchen *Amphiprion percula* als Anemonenersatz, ohne dass dies die Hammerkoralle zu beeinträchtigen scheint.

gebildet sind. Es gibt zahlreiche Farbformen, aber die meisten Exemplare sind blaugrau oder cremefarben, weshalb sich die seltenen kräftig grün gefärbten Exemplare unter Aquarianern großer Beliebtheit erfreuen. Im natürlichen Lebensraum kann die Hammerkoralle riesige Bestände ausbilden, wobei einzelne Tiere über 1 m im Durchmesser erreichen, wenn auch selten. In geschützten Bereichen, insbesondere auf horizontalen Substraten und Felsvorsprüngen, ist *F. ancora* mancherorts die dominierende Spezies.

Ernährung: Diese Art ernährt sich von den Fotosyntheseprodukten ihrer Symbiosealgen, kann aber auch zusätzlich gefüttert werden.

Aquarienpflege: Die Hammerkoralle ist vermutlich die pflegeleichteste Art aus der Gattung *Fimbriaphyllia*. Sie benötigt starke Beleuchtung sowie mittelstarke Wasserbewegung. Zu heftige Wasserbewegung sollte vermieden werden, und auch auf zu hohe Nährstoffbelastung des Wassers kann *F. ancora* empfindlich reagieren.

Tipp: Große Exemplare von *Fimbriaphyllia ancora* können einfach durch Fragmentierung vermehrt werden, indem man einzelne Äste mit einer feinen Säge an der gewebefreien Skelettbasis abtrennt.

Gattung *Catalaphyllia*

Die Gattung *Catalaphyllia* enthält mit *C. jardinei* nur eine Art und ist somit monotypisch

Wunderkoralle – *Catalaphyllia jardinei*

Verbreitung: Ostafrika bis zu den Salomoninseln und Neukaledonien

Lebensraum: Die Wunderkoralle lebt in vor starker Strömung geschützten Bereichen mit oftmals trübem Wasser und hohem Gehalt an organischen und partikulären Nährstoffen.

Beschreibung: *Catalaphyllia jardinei* wächst flabello-meandroid, und ihr Gewebe überlappt das Kalkskelett deutlich. Jede Koralle besitzt mehrere Mundöffnungen, an deren Rändern zahlreiche röhrenförmige Tentakel liegen. Das Gewebe ist zumeist grünlich oder braun, und die Tentakelspitzen sind häufig rosa.

Ernährung: Diese Spezies ernährt sich von den Fotosyntheseprodukten ihrer Symbiosealgen und gelösten organischen Verbindungen. Sie kann im Aquarium mit feinem Futter (z. B. kleinen Mysis) versorgt werden, das mit einer Pinzette direkt zwischen die Tentakel gegeben wird. Zu große Futterbrocken werden jedoch unverdaut wieder ausgestoßen.

Kalkskelett der Wunderkoralle (*Catalaphyllia jardinei*)

Catalaphyliia jardinei in einem Schauaquarium der Firma „Welke Zoo & Co.“ (rechtes Exemplar nur halb geöffnet)

Aquarienpflege: *Catalaphyllia jardinei* ist eine der am schwierigsten zu pflegenden großpolypigen Steinkorallen. Sie wünscht mittelstarke Strömung und mittelstarke bis starke Beleuchtung. Da sie mit zu niedrigen Nährstoffkonzentrationen nicht zurechtkommt, sollte sie nicht in klassischen, sehr nährstoffarmen Riffaquarien mit überwiegendem Steinkorallenbesatz gepflegt werden. Themenaquarien, die z. B. den Lebensraum einer Seegrasweise nachahmen, sind wesentlich besser geeignet. Hier kann die Wunderkoralle mit verschiedenen *Caulerpa*-Arten sowie anderen großpolypigen Steinkorallen (z. B. *Trachyphyllia geoffroyi*) sowie Leder- und Weichkorallen vergesellschaftet werden. Die Wunderkoralle reagiert ausgesprochen empfindlich auf das Wachstum von Bohralgen. Wenn die Algen lebendes Gewebe erreichen, löst sich dieses unweigerlich vom Kalkskelett ab, sodass die Koralle stirbt. Manchmal lebt das abgelöste Gewebe noch für kurze Zeit weiter und treibt im Aquarium umher, doch weil sich kein neues Skelett bilden kann, ist ein so verletztes Tier dennoch verloren. Bohralgenwachstum lässt sich anhand grünlicher Verfärbungen am Skelett erkennen. Verletzte Exemplare von *C. jardinei* werden sehr schnell von Bakterien und Ciliaten

Tipp: Erste Anzeichen einer Infektion bemerkt der Pfleger daran, dass sich die betroffene Koralle nicht mehr vollständig öffnet und stellenweise braunen Schleim absondert. Exemplare, an denen man diese Schleimbildung bemerkt, sollten sofort aus dem Aquarium entfernt werden, wobei darauf zu achten ist, dass der infektiöse Schleim nicht im Aquarium verteilt wird. Manchmal sind infizierte Korallen durch ein Jodbad (30 Minuten) zu retten, das in einem separaten Behälter durchgeführt wird.

befallen, die binnen kurzer Zeit den gesamten Korallenstock abtöten können. Daher sollten Wunderkorallen mit offensichtlichen Gewebeschäden grundsätzlich nicht gekauft werden, weil die Wahrscheinlichkeit sehr gering ist, ein solches Tier gesund pflegen zu können.

Gattung *Nemenzophyllia*

Auch die Gattung *Nemenzophyllia* enthält mit *N. turbida* nur eine Art.

Fox-Koralle – *Nemenzophyllia turbida*

Verbreitung: Indopazifik: von Indonesien bis zu den Salomoninseln und Neukaledonien

Lebensraum: Vor starker Strömung geschützte Riffbereiche

Beschreibung: *Nemenzophyllia turbida* wächst flabello-meandroid, und die fleischigen, hellbraunen bis grauen Polypen wachsen aus mäandernden, dünnen Kalkwällen heraus. Diese sind ca. 10 mm breit und können bei großen Exemplaren bis zu 20 cm hoch sein. Im Meer erreicht *N. turbida* bis zu mehrere Meter Durchmesser, und auch im Aquarium kann sie zu großen Stöcken heranwachsen.

Ernährung: Diese Art ernährt sich von den Fotosyntheseprodukten ihrer Symbiosealgen. Ob die Fox-Koralle zusätzlich auch feine Nahrungspartikel aufnehmen kann, ist noch unklar.

Nemenzophyllia turbida im Riffaquarium – wichtig für die erfolgreiche Pflege ist, dass sich die Fox-Koralle in jede Richtung ungehindert ausbreiten kann. Die hier vorhandenen Scheibenanemonen könnten sie früher oder später daran hindern.

Aquarienpflege: Die Fox-Koralle sollte so im Riffaufbau befestigt werden, dass das Kalkskelett frei in die Wassersäule ragt und von allen Seiten von mittelstarker Strömung umspült werden kann. Nur so wird sie ihre typische Wuchsform entwickeln. Exemplare, die nicht frei stehen, neigen zu Kümmerwuchs und Gewebedegeneration. Auch die Beleuchtung sollte mittelstark sein. Das empfindliche Gewebe von *N. turbida* darf nicht gequetscht werden, und Exemplare mit bereits verletztem Gewebe sollte man besser nicht erwerben.

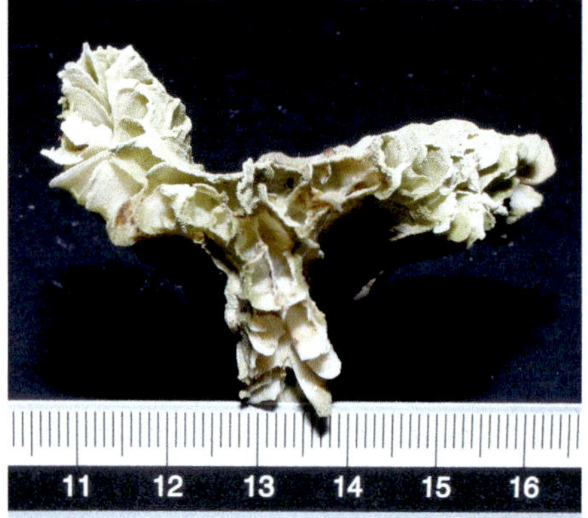

Kalkskelett der Fox-Koralle (*Nemenzophyllia turbida*) – die leichte Grünfärbung des Skeletts wird durch Bohralgen hervorgerufen

Gattung *Plerogyra*

Die Gattung *Plerogyra* enthält drei Arten: *Plerogyra discus, P. sinuosa* und *P. simplex*. Insbesondere *P. sinuosa* wird regelmäßig für die Aquaristik importiert.

Blasenkoralle – *Pterogyra sinuosa*

Verbreitung: Indopazifik: vom Roten Meer bis zu den Marshallinseln und den Line-Inseln

Lebensraum: Vor starker Strömung geschützte Riffbereiche, wächst oft in trübem, nährstoffreichem Wasser

Beschreibung: *Plerogyra sinuosa* zeigt eine flabello-meandroide Wuchsform. Tagsüber bedecken zahlreiche Vesikel, die namensgebenden „Blasen", das Kalkskelett – aber nachts ziehen sie sich zurück, woraufhin kurze Tentakel zum Vorschein kommen. Das Gewebe ist meist cremefarben oder blaugrau. Im Aquaristikhandel finden sich manchmal auch schneeweiße Exemplare, wobei unklar ist, ob es sich hierbei um eine tatsächliche Farbform handelt, oder ob diese Korallen bloß infolge von Transportstress ihre Zooxanthellen

Blasenkoralle (*Plerogyra sinuosa*) im Riffaquarium von Winfried Zimmermann, Munderkingen

ausgestoßen haben. Jedenfalls sind weiße Blasenkorallen besonders empfindliche Pfleglinge.

Ernährung: *Plerogyra sinuosa* ernährt sich von den Fotosyntheseprodukten ihrer Symbiosealgen, kann jedoch z. B. mit kleinen Mysis zusätzlich gefüttert werden. Das Futter wird am besten nachts direkt in die stark nesselnden Tentakel gegeben.

Aquarienpflege: Die Blasenkoralle ist (mit Ausnahme weißer Individuen) sehr pflegeleicht. Sie bevorzugt mittelstarke Beleuchtung und nicht zu kräftige Strömung. *Plerogyra sinuosa* kann bis zu 10 cm lange Kampftentakel ausbilden, die dicht mit Nesselkapseln besetzt sind, die ein starkes Gift enthalten. Mit diesen Kampftentakeln tastet die Blasenkoralle ihre Umgebung ab und vernesselt alle sessilen Wirbellosen, die zu Raumkonkurrenten heranwachsen könnten. Empfindliche SPS können einer solchen Nesselattacke ohnehin nicht standhalten, aber selbst robuste Scheibenanemonen müssen sich dem Nesselgift von *P. sinuosa* früher oder später geschlagen geben.

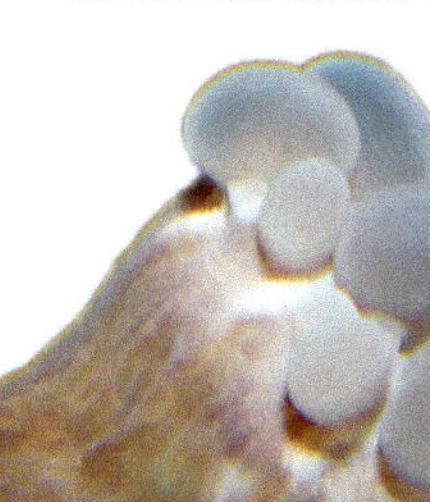

Plerogyra simplex in der Verkaufsanlage von „Zoo Zajac", Duisburg – solche Korallenstöcke sind nur sehr selten im Aquaristikhandel erhältlich

Pterogyra simplex

Verbreitung: Indopazifik: von Malaysia bis nach Samoa

Lebensraum: Vor starker Strömung geschützte Riffbereiche, oft mit nährstoffreichem Wasser

Beschreibung: *Plerogyra simplex* wächst phaceloid mit gleichmäßig angeordneten Ästen. Das Gewebe ist cremefarben, grau oder hellbraun.

Ernährung: Diese Spezies ernährt sich von den Fotosyntheseprodukten ihrer Symbiosealgen, kann jedoch z. B. mit kleinen Mysis zusätzlich gefüttert werden. Das Futter wird am besten nachts direkt in die stark nesselnden Tentakel gegeben.

Aquarienpflege: *Plerogyra simplex* ist wie ihre Verwandte *P. sinuosa* zu behandeln.

Gattung *Physogyra*

Mit *P. lichtensteini* enthält auch die Gattung *Physogyra* nur eine Art.

Physogyra lichtensteini mit einem Imperator-Kaiserfisch (*Pomacanthus imperator*) in der Lagune von Madang, Papua-Neuguinea. Im Aquarium ist eine gemeinsame Pflege leider nicht möglich, da die meisten Kaiserfische großpolypige Steinkorallen anfressen.

Physogyra lichtensteini

Verbreitung: Indopazifik: vom Roten Meer bis zu den Fidschiinseln und Samoa

Lebensraum: Strömungsarme Riffbereiche, häufig mit trübem Wasser

Beschreibung: *Physogyra lichtensteini* weist eine meandroide Wuchsform auf und bildet massive oder plattenförmige Skelette aus. Tagsüber ist die Koralle vollständig mit etwa 1–1,5 cm dicken, gabelförmigen Vesikeln bedeckt. Nachts werden diese eingezogen, woraufhin unzählige Tentakel zum Vorschein kommen.

Ernährung: Auch diese Art ernährt sich von den Fotosyntheseprodukten ihrer Symbiosealgen – eine zusätzliche Fütterung ist möglich, aber nicht nötig.

Aquarienpflege: *Physogyra lichtensteini* ist wie *Plerogyra sinuosa* zu behandeln.

Physogyra lichtensteini im Aquarium

Acanthophyllia deshayesiana unter starkem, Fluoreszenz auslösendem Blaulicht fotografiert Foto: D. Knop

Familie Mussidae

Die Familie Mussidae enthält 13 Gattungen, von denen in diesem Buch nur die in der Riffaquaristik populären Gattungen *Acanthophyllia*, *Scolymia* und *Cynarina* vorgestellt werden sollen.

Gattung *Acanthophyllia*

Die Gattung *Acanthophyllia* enthält mit *A. deshayesiana* nur eine Art. Die Namensgebung war lange Zeit strittig. Auch heute noch wird sie in der aquaristischen Literatur manchmal als *Scolymia* oder *Cynarina* geführt.

Acanthophyllia deshayesiana

Verbreitung: Zentraler Indopazifik und Rotes Meer

Lebensraum: *Acanthophyllia deshayesiana* findet sich vor allem in geschützten Habitaten, entweder auf Hartsubstraten festgewachsen oder freilebend auf Weichsubstraten oder Geröll.

Beschreibung: Diese Art zeigt wahrscheinlich Unterschiede in ihrer Koloniestruktur, je nachdem ob sie in tropischen oder subtropischen Gewässern wächst. In den Subtropen ist die Koralle normalerweise solitär, und das Kalkskelett hat einen Durchmesser von weniger als 60 mm. In den Tropen wird *A. deshayesiana* größer und bildet manchmal Kolonien aus. Das fleischige Polypengewebe kann voll aufgebläht durchaus 15–20 cm im Durchmesser erreichen. Es gibt zahlreiche Farbformen. Am häufigsten findet man grüne und gelbbraune Varianten. In der Meerwasseraquaristik sind jedoch die roten und gescheckten Farbformen am beliebtesten.

Ernährung: Diese Art ernährt sich von den Fotosyntheseprodukten ihrer Symbiosealgen, kann aber auch zusätzlich gefüttert werden.

Aquarienpflege: Sehr einfach zu pflegen, wenn man ihr genügend Raum zur Ausbreitung gibt. Gegen stark nesselnde

Unten und rechte Seite oben: Zwei Farbvarianten von *Acanthophyllia deshayesiana* im Schauaquarium des Meerwasseraquaristikfachgeschäfts McCorals, Ulm; eine attraktive grüne Farbvariante ist auf Seite 8 gezeigt.

benachbarte Korallen und Scheibenanemonen kann sie sich dauerhaft nicht behaupten. Sie benötigt eine gute Beleuchtung sowie mittelstarke Wasserbewegung. Eine zu starke Wasserbewegung muss vermieden werden.

Gattung *Scolymia*

Die Gattung *Scolymia* enthält die drei Arten *S. cubensis*, *S. vitiensis* und *S. australis*. Während sich *S. australis* steigender Beliebtheit in der Meerwasseraquaristik erfreut, kommt die karibische *S. cubensis* aufgrund von Handelsbeschränkungen kaum noch in europäische Aquarien.

Grüne Farbform von *Scolymia australis*

Scolymia australis

Verbreitung: Indopazifik: von den Philippinen bis etwa zu den Fidschi-Inseln

Lebensraum: *Scolymia australis* lebt in den unterschiedlichsten Habitaten in Korallen- und Felsenriffen.

Beschreibung: Das Kalkskelett von *S. australis* bleibt im Vergleich

Diese und gegenüberliegende Seite: verschiedene Farbformen von *Scolymia australis*

zu *S. vitiensis* deutlich kleiner und flacher. Es handelt sich um eine Solitärkoralle, die eine becherförmige Gestalt hat. Normalerweise ist sie monozentrisch und nur in sehr seltenen Ausnahmefällen findet man zwei bis vier Zentren in einer Koralle. *S. australis* ist sehr farbenprächtig mit roten, grünen und blauen Farbtönen. Mittlerweile gibt es eine ganze Reihe von fantasievollen Trivialnamen für Exemplare dieser Art wie „Organic Scolymia", „Red Tiger Scolymia", „Tricolor Bleeding Apple Scolymia", „Scolymia bleeding agent orange white" oder „Scolymia bleeding revers flasher". Dies sind alles Namen, um die Korallen in bestimmte Farbkategorien einteilen zu können, ähnlich wie es in der Diskus- oder Guppy-Hochzucht gemacht wird. Diese Namen haben aber keinerlei systematische Bedeutung.

Ernährung: *Scolymia australis* lebt hauptsächlich von den Fotosyntheseprodukten ihrer Symbiosealgen. Eine zusätzliche Fütterung ist möglich, aber nicht nötig.

Aquarienpflege: Einfach zu pflegen. *Scolymia australis* sollte in strömungsruhigeren Bereichen im Aquarium untergebracht werden. Ist die Strömung zu stark, wird sie ihr Gewebe nicht vollständig aufblähen. Außerdem ist die Gefahr sehr groß, dass es durch eine starke Strömung, die frontal auf die Koralle trifft, zu Verletzungen (feine Risse) des Gewebes kommt. Solche Verletzungen heilen nur selten wieder aus. Meist wird das Gewebe der betroffenen Korallen von solchen Verletzungen ausgehend graduell degenerieren. Diese Verletzungsanfälligkeit hat auch direkte Auswirkungen für den Transport von *Scolymia*-Arten. Ein Scheuern im Transportbeutel muss unbedingt verhindert werden. Denn dadurch wird das Gewebe sehr leicht zerstört, mit den weiter vorne beschriebenen fatalen Auswirkungen. Somit sollten *Scolymia*-Korallen entweder auf Styropor-Stücken fixiert und „Kopf-unten" im Transportbeutel schwimmend oder vorsichtig mit einer schützenden Plastikfolie umwickelt transportiert werden. *S. australis* liebt eine mittlere bis starke Beleuchtung.

Gattung *Cynarina*

Die Gattung *Cynarina* enthält nur eine Art: *C. lacrymalis*. Sie wird regelmäßig für die Aquaristik importiert.

Cynarina lacrymalis

Verbreitung: Indopazifik: vom Roten Meer und Ostafrika bis nach Samoa

Lebensraum: *Cynarina lacrymalis* lebt in vor starker Strömung und Wellenschlag geschützten Riffbereichen, häufig auf Sandböden.

Beschreibung: Diese Koralle besitzt ein ovales oder kreisrundes Kalkskelett mit selten mehr als 10–11 cm Durchmesser – mit voll entfaltetem Gewebe kann sie aber mehr als das Doppelte ihres Skelettdurchmessers erreichen. In diesem Zustand erscheint das Gewebe transparent, sodass man die darunter liegenden primären Septen gut erkennen kann. Als monozentrische Art verfügt *C. lacrymalis* über nur eine Mundöffnung. Nachts treten unter dem zurückgezogenen Polypengewebe zahlreiche kurze Tentakel hervor. Es gibt viele Farbformen von *C. lacrymalis*. Am häufigsten sind grüne oder braune Polypen, es kommen aber sogar pinkfarbene Exemplare vor.

Cynarina lacrymalis – die primären Septen sind durch das transparente Gewebe deutlich zu erkennen

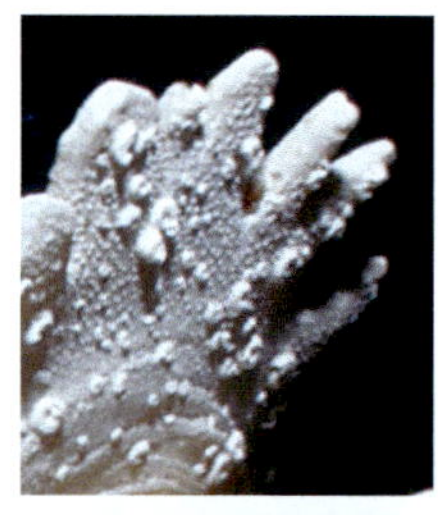

Kalkskelett von *Cynarina lacrymalis*. Man beachte die charakteristisch gezackten primären Septen (Vergrößerung rechts).

Ernährung: *Cynarina lacrymalis* lebt hauptsächlich von den Fotosyntheseprodukten ihrer Symbioselagen. Eine zusätzliche Fütterung ist möglich, aber nicht nötig. Dazu gibt man z. B. kleine Mysis oder Artemien während der Dunkelphase in den Tentakelkranz. Manchmal kann man Polypen von *C. lacrymalis* durch regelmäßige Fütterung daran gewöhnen, auch während der Beleuchtungsphase ihre Tentakel zu zeigen.

Aquarienpflege: *Cynarina lacrymalis* ist eine der am einfachsten zu pflegenden großpolypigen Steinkorallen. Wichtig ist aber, unverletzte Tiere zu erstehen, denn angeschlagene Exemplare sind sehr schwierig einzugewöhnen und überleben oftmals nicht. Die Art liebt starke Beleuchtung und mittelstarke Strömung – ist diese zu heftig, öffnet sich die Koralle nicht vollständig, und es kann zu Verletzungen am Gewebe kommen.

Für jedes Riffaquarium eine Augenweide: Eine harmonierende Gemeinschaft aus großpolypigen Steinkorallen, Hornkorallen und blauen Scheibenanemonen

So attraktiv gefärbte Wulstkorallen, *Trachyphyllia geoffroyi*, findet man aktuell sehr häufig im Handel

Literatur

ALLEN, G., R. STEENE & M. ALLEN (1998): A Guide to Angelfishes and Butterflyfishes. – Odyssey Publishing/Tropical Reef Research, USA/Australien.

BALLING, H.-W. (2002): Die Balling-Methode – Calciumhydrogencarbonatzufuhr. – KORALLE 14, 3 (2): 72–75.

BROCKMANN, D. (1991): Was ist Kalkwasser? – Das Aquarium 25: 23–26.

– (2000): Fische und Korallen im Meer und im Aquarium. – Birgit Schmettkamp Verlag, Bornheim.

– (2009a): Das Meerwasseraquarium. Von der Planung bis zur erfolgreichen Pflege, 2. überarbeitete Auflage. – Natur und Tier - Verlag, Münster.

– (2009b): Wie hoch sind die Energiekosten für mein Aquarium wirklich? – KORALLE 55, 10 (1): 36–43.

– (2009c): Glasrosenplage – was tun? Teil 1. – KORALLE 55, 10 (1): 78–80.

– (2010): Geweihkorallen im Meerwasseraquarium. – Natur und Tier - Verlag, Münster.

– (2012): Bunt, bunter, am buntesten ...; Über die Pflege von *Acanthastrea* und *Scolymia* im Riffaquarium. – KORALLE 73, 13 (1): 38-45.

FOSSÅ, S. A. & A. J. NILSEN (1995): Korallenriff-Aquarium, Bd. 4. – Birgit Schmettkamp Verlag, Bornheim.

Blasenkorallen *Plerogyra sinuosa* zählen zu den haltbarsten großpolypigen Steinkorallen. Sie können sehr alt werden und zu großen Kolonien heranwachsen.

– (2001): Korallenriff-Aquarium, Bd. 1. – Birgit Schmettkamp Verlag, Bornheim.

KNOP, D. (2008): Riffaquaristik für Einsteiger. – Dähne Verlag, Ettlingen.

– (2009): „Trojaner" im Meerwasseraquarium. – Natur und Tier - Verlag, Münster.

LOYA, Y. & R. KLEIN (1998): Die Welt der Korallen. – Jahr Verlag, Hamburg.

SCHUHMACHER, H. (1991): Korallenriffe – Verbreitung, Tierwelt, Ökologie. – BLV Verlagsgesellschaft, München/Wien/Zürich.

RIDDLE, D. (2008): Coral Reproduction, Part 3: Stony Coral Sexuality, Reproduction Modes, Puberty Size, Sex Ratios and Life Spans. – Advanced Aquarists's Online Magazine September 2008, www.advancedaquarist.com/2008/9/.

SOROKIN, Y. I. (1995): Coral Reef Ecology. – Springer, Berlin/Heidelberg.

VERON, J. E. N. (1986): Corals of Australia and the Indo-Pacific. – Angus & Robertson, North Ryde, NSW, Australien.

– (2000): Corals of the World. – Australian Institute of Marine Science, Townsville.

WILKENS, P. (1973): Niedere Tiere im tropischen Seewasseraquarium, Bd. 1. – Engelbert Pfriem Verlag, Wuppertal-Elberfeld.

WOOD, E. M. (1983): Corals of the World. – TFH Publications, Neptune City, New Jersey.

Steinkorallen im Aquarium 2

D. Knop

192 Seiten,
zahlreichen Farbfotos
Format: 17,5 x 23,2 cm
Hardcover

ISBN 978-3-931587-260-5
29,80 €

Nano-Riffaquarien

D. Knop

216 Seiten,
593 Abbildungen,
Format: 17,5 x 23,2 cm
Hardcover

ISBN 978-3-86659-390-9
29,80 €

»Trojaner« im Meerwasseraquarium

D. Knop

176 Seiten
zahlreiche Farbfotos
Format: 17,5 x 23,2 cm
Hardcover

ISBN 978-3-86659-136-3
29,80 €

Das Meerwasseraquarium
Von der Planung bis zur erfolgreichen Pflege

D. Brockmann

208 Seiten, zahlreiche Farbfotos
Format: 17,5 x 23,2 cm
Hardcover

13. überarbeitete und erweiterte Auflage

ISBN 978-3-86659-505-7
24,80 €

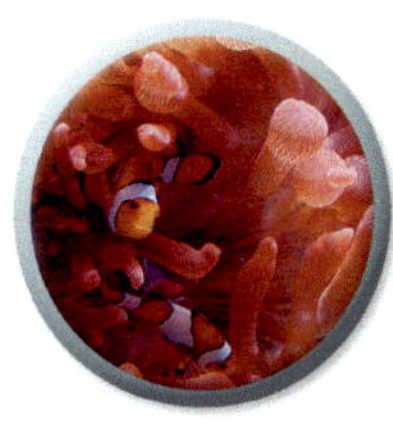

Ein Korallenriff im eigenen Heim – wer möchte sich diesen Wunschtraum nicht erfüllen? Dieser Ratgeber ist ein hervorragender Leitfaden zum Aufbau und Betrieb eines funktionierenden Meerwasser-Aquariums.

www.ms-verlag.de